湖北省博物馆 长江文物研究 丛书

湖北省博物館
HUBEI PROVINCIAL MUSEUM

楚人饮食

钱红　编著

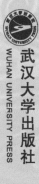

武汉大学出版社
WUHAN UNIVERSITY PRESS

图书在版编目(CIP)数据

楚人饮食/钱红编著.—武汉:武汉大学出版社,2023.4
ISBN 978-7-307-23583-0

I.楚… II.钱… III.饮食—文化—湖北 IV.TS971.202

中国版本图书馆 CIP 数据核字(2023)第 019906 号

责任编辑:郭　芳　　　　责任校对:杨林心　　　　装帧设计:何家辉

出版发行:**武汉大学出版社**　　(430072　武昌　珞珈山)
　　　　　(电子邮箱:whu_publish@163.com)
印刷:武汉市金港彩印有限公司
开本:880×1230　　1/16　　印张:7.25　　字数:126千字　　插页:2
版次:2023 年 4 月第 1 版　　2023 年 4 月第 1 次印刷
ISBN 978-7-307-23583-0　　　　定价:96.00 元

序

楚人筚路蓝缕，开拓进取，使得国势不断强大，从西周初年立国时"土不过同"，迅速跻身于"春秋五霸""战国七雄"之林，其版图在战国楚威王时达到最大，西至巴蜀，东至大海。著名谋略家苏秦形容："楚，天下之强国也。……地方五千里，带甲百万，车千乘，骑万匹，粟支十年，此霸王之资也。"因地处南方，特殊的地理环境和民俗民风，形成了楚人独特的文化内涵和饮食习俗。司马迁在《史记》中称楚国"饭稻羹鱼"，班固在《汉书·地理志》中说楚人"食物常足"，屈原在《楚辞·招魂》中介绍了楚人的饮食分为"饭""膳""馐""饮"四大类。

"饭"是以谷物为主的主食。江西仙人洞遗址、湖南玉蟾岩遗址和湖北长阳桅杆坪遗址，见证了距今1万年至1.5万年长江稻作文明的起源；湖北荆门屈家岭遗址、湖北江陵毛家山遗址、湖南澧县梦溪镇城头山遗址等出土的大量稻谷，表明楚地先民有种植水稻的悠久历史。湖北江陵凤凰山楚墓出土了一批珍贵简牍，部分内容涉及水稻等谷物名称。千百年来，随着生产的发展、人们生活的改善，食品制作也走向多样化、精细化。楚地的主食丰富多元，除水稻外，还有粟、稷、黍、麦、菽、麻、菰等。

"膳"是用肉、鱼等制成的菜肴、汤羹类食品。楚墓出土的竹简，不仅记录随葬食物的名称、数量，而且还对食物的制作方式等有较详细的描述，如清蒸、烧烤、煨炖、烹烩、煎炸等，丰富的食物制作方式成就了楚人舌尖上的美味。现今湖北的名菜仍保留着这些技艺，如著名的"沔阳三蒸"，既有荤素搭配，也有全素料理，可根据个人的喜好来选择和搭配，最大限度地保留了食物的原汁原味，是健康养生的吃法。楚人擅长调味，根据不同食材，配以酸、甜、苦、辣、咸，可谓五味俱全。湖北江陵毛家山、荆门包山楚墓出土有鲫鱼、鸡、猪、水牛、山羊等的遗骸，另有调味用的梅子、梨、生姜和花椒等植物，印证了文献记载的楚人善用调味食材的史实。

"饒"又称百饒，是用粮食等做成的点心。屈原《楚辞·招魂》中有"粔籹蜜饵，有餦餭些"。其中，"粔籹"是用米粉、糖和水混合做成环状，然后在油里煎炸；"蜜饵"是豆粉、米粉加糖和水蒸制而成的糕饼；"餦餭"相当于饴糖块。楚墓中出土的板栗、红枣、柿子、莲子、荸荠、菱角，是当时制作饒的材料的不二之选。

"饮"是各类酒及浆汁类饮品的总称，包括清澄的甜酒，带糟的醴酒，粥、酸梅汤和其他饮品等。湖北枣阳九连墩楚墓出土的可冰镇酒水的青铜鉴壶等文物，反映了 2000 多年前楚人"冻饮"的细节，是艺术性和实用性的完美融合。

楚人在饮食中积累了丰富的经验和智慧，兼收并蓄周边地区的烹饪技法，形成了富有荆楚特色的饮食文化，为中华传统饮食文化增添了浓墨重彩的一笔。

长江文化在中华文明进程中发挥了极为重要的作用，是中华文明多元一体格局的标志性象征。习近平总书记于 2020 年 11 月 14 日在全面推动长江经济带发展座谈会上指出："要保护好长江文物和文化遗产，深入研究长江文化内涵，推动优秀传统文化创造性转化、创新性发展。"湖北省高度重视长江文化的传承和弘扬，积极推进长江国家文化公园建设、长江文物资源专项调查与课题研究，并取得了重要的阶段性成果。位于长江中游的湖北省博物馆，作为荆楚文化中枢和"国家文化客厅"，馆藏长江文物体系完备、特色鲜明。俗话说"民以食为天"，在常设精品陈列中大量展出承载着荆楚饮食深厚文化底蕴的相关文物，因与人们日常生活关系密切，长期深受观众喜爱。"仓廪实而知礼节，衣食足而知荣辱"，饮食无疑已经成为中华文明赖以产生的基础，其演变和发展贯穿人类整个发展史。研究某一个区域的文化，离不开对这个区域饮食文化的研究。从这个意义上来讲，钱红研究馆员以文物为载体，从饮食的视角撰写的《楚人饮食》，作为"湖北省博物馆长江文物研究丛书"的首本正式出版物，既接"天线"，又接"地气"，具有开创性、基础性意义。

是为序。

张晓云
湖北省博物馆党委书记、馆长
2023 年 3 月

目　录

一、中华饮食文化史简述

人类从远古蛮荒走来，在漫长的历史长河中，饮食不只是吃吃喝喝那么简单，它更是一种文化，同时也是民俗学、人类学研究的重要组成部分。

选择食物

　　先民在自然界中对可食用动植物种类的选择，经历了漫长的过程。尽管上古时期没有文字记载，但是我们可以依据神话传说、出土文物以及后世典籍的追记进行推断，了解到人类对食物的认识经历了从盲目到自觉的过程，其间伴随着诸多痛苦，甚至有人为此付出生命。"神农尝百草，日遇七十二毒，得荼而解之"的传说，不仅提到可以解毒的"荼"，而且反映了先民从各类植物中排除不能吃的有毒物种之后，选择出无毒、可食用植物的过程，由较早的"百谷"，到最终确定可食用的"五谷""五菜"以及"五果"的历史是非常艰难的。中国是世界三大农业起源中心之一。据统计，有史以来我国主要栽培的作物共有 236 种，包含禾谷、豆菽、蔬菜、调味、果树、纤维、药用、观赏等不同类别；驯育的动物主要有马、牛、羊、猪、狗、鸡等。原始农业为今日的我们提供了可食用动植物资源，这些资源也是今日人类饮食的基础。

神农尝百草

钻木取火

楚人饮食

饮食变革

　　用火加工食物是人类饮食史上具有伟大意义的一次革命，熟食更加美味，易于咀嚼、消化，更重要的是用火加工食物可以杀灭病菌及病毒，利于健康，延年益寿。

　　最初，人类虽用火加工食物但并没有炊具，主要是利用火中烤炙、灰中煻煨等手段加工食物，后来逐渐发明了石烹等方式。《礼记·礼运》记载"燔黍捭豚"，郑玄注"中古未有釜甑，释米捭肉加于烧石之上而食之耳"，解释了在没有陶器的时代，人类将谷物、肉类放在烧热的石头上加热制熟的方法。据相关研究，石烹以烤炙为特色，分为外热法、内热法、散加热法、石煮法等。元代《饮膳正要》记载，外热法是掘坑为炉，坑内四周放上加热得通红的石头，再投入食材，以土覆盖使食材变熟；清代饮食文献《调鼎集》记载，将羊宰杀后，去掉内脏，用烧红的石子填满羊的腹部，羊肉就慢慢地熟了，此种方法即为内热法，用这种方法制得的食物没有火烧味；散加热法是利用炽热砂石焐熟食材；石煮法是用兽皮等盛装水，将烧得炙热的石头投入水中，以煮熟食物。

4

蛋壳彩陶杯

伴随着原始社会农业的不断发展，人类逐渐从频繁的迁徙走向定居生活，釜、鼎、鬲、甗、甑等陶器开始出现，人类利用水煮法和汽蒸法加工食物的陶烹时代随之到来。陶器不仅是实用的饮食器具，也是文化的载体，陕西西安的半坡遗址与甘肃临洮马家窑遗址的彩陶、山东龙山文化遗址的蛋壳黑陶以及湖北屈家岭遗址的蛋壳彩陶等，无一不是原始社会陶器艺术的巅峰之作。陶制饮食器具为紧随其后的青铜食具的种类、器型和功用等奠定了基础。

随着社会的进步、生产技术的革新，青铜器登上了历史舞台。迄今为止，我国出土商周青铜器种类最为繁多，其中以炊具、食器、酒器等为大宗。青铜饮食器具，除传热性能佳，利于提高烹饪工效和食品质量外，其铸造工艺、造型艺术和装饰手法等也彰显了拥有者的身份、权力、地位等，是中华优秀传统文化精髓之礼乐文化的物化载体。

《礼记·内则》记载，饮食分为饭、膳、馐、饮四部分。《周礼·天官·膳夫》界定，膳夫的职责是掌管王的食、饮、膳、馐。著名的周代八珍是为周天子量身定做的宴饮美食，展现了当时丰富的食材、改良的炊具以及长足发展的烹调技术等。周代八珍具体包含两种主食和六种菜肴。其中，主食是"淳熬"和"淳母"，分别是盖有肉酱并用油浇制的稻米饭和黍米饭。菜肴则包括煨烤炸炖乳猪的"炮豚"，煨烤炸炖母羊羔的"炮牂"，将狗肝切成丝后油炸而成的"肝膋"，用牛肉块熬煮而成的五香牛肉即"熬"，将小牛里脊肉切成薄片并用酒和醋腌制后生吃的"渍"，以及把牛、羊、鹿、猪等肉用石臼捣去筋膜，做成肉团煮食，类似肉丸子的"捣珍"。周代八珍被后世历代争相仿效，比如元代出现的"迤北八珍"和"天厨八珍"，明清时期则有"参翅八珍""烧烤八珍"，还有配合科举考试而专设的"琼林八珍"。

汉代豆腐作坊石刻

春秋战国时期，伴随着农业生产技术的快速发展，饮食文化也呈现出别具特色的格局。尤其是战国时期铁器的应用与普及，更进一步推动了中国农业的发展，秦汉盛世就此形成，中国饮食文化进入了一个全新时代。

中国饮食文化在汉代得到极大丰富，得益于当时与西域饮食文化的交流。西汉时期，张骞出使西域，引进了葡萄、石榴、大蒜、黄瓜等食物以及很多的香料与佐料，让厨师可以在融合中创新，推出品类多样的新式佳肴。淮南王刘安发明了豆腐，豆腐物美价廉，利用豆腐可烹制出多种美味佳肴。1960 年，河南密县打虎亭汉墓中出土的大画像石上发现了豆腐作坊的石刻。东汉时期还发明了植物油。魏晋南北朝时期，各民族之间的沟通与交流日益加强，农业、手工业、商业发展迅猛，饮食文化也随之发展。

茶圣陆羽

大唐盛世，经济空前繁荣，万邦来朝加速了中外文化的交流，唐朝引进了更多丰富的"胡食"，当时的饮食可谓包罗万象。正如史籍记载，唐朝著名的食品有萧家馄饨、庾家粽子、冷胡突、热洛河、生鱼片、皮索饼、糖螃蟹、鲤尾、对虾、虾生、烤全羊等。根据《唐六典》记载，唐代人喜欢吃羊肉，认为猪肉吃多了会生病。唐朝最奢侈的水果应该是荔枝，因为其生长的地方离长安太远且极不容易保存，所以在当时能吃上荔枝是一种身份和地位的象征。关于荔枝，杜牧写下了脍炙人口的诗句"长安回望绣成堆，山顶千门次第开。一骑红尘妃子笑，无人知是荔枝来"。唐代人非常喜欢饮酒和饮茶，出现了李白、贺知章、李适之、李琎、崔宗之、苏晋、张旭、焦遂等"酒八仙人"，而茶圣陆羽撰写了世界上第一部茶叶专著《茶经》，论述了茶的性状、品质、产地、种植、采制、烹饮、器具等内容。

明清时期迎来了中国饮食文化的又一高峰，人们的饮食结构发生了很大变化，北方黄河流域小麦的种植比例大幅度增加。明代大规模引进了马铃薯、甘薯类作物，人工饲养的畜禽成为肉食主要来源。清朝的满汉全席作为中华饮食文化瑰宝，代表了中国古代社会餐饮的最高水平，是中国最著名、规模最大的古典宴席，涵盖了满族烧烤、茶点和汉族经典菜肴等，不仅菜品丰富多元，食材原料精良奢华，而且烹饪技艺考究精湛，配合开席时宏大的场面以及隆重的礼仪，堪称中国古典宴席之冠。

中华饮食文化源远流长，中华人民共和国成立后，尤其是党的十一届三中全会召开以来，沐浴着改革开放的东风，神州大地经济迅猛增长，中华饮食文化迎来了黄金之春，孕育出了更加丰硕的成果。

二、楚人饮食文化特点

楚人筚路蓝缕，以启山林，创造了辉煌灿烂的楚文化，其中饮食文化更是独树一帜。

西周初年，楚国立国时"土不过同"，仅为弹丸之地，国势衰微，居住环境荒凉，荆棘密布，物资匮乏，即便是楚君熊绎也穿着破旧的衣服，出行乘坐简易的柴车，而且需长途跋涉向周天子进贡，贡品是桃木做的弓、棘枝做的箭和祭祀时过滤酒的包茅。由此可以推测，楚人的饮食在立国之初极为简陋。

楚人顽强拼搏、艰苦奋斗，国势迅速强盛，跻身"春秋五霸""战国七雄"之林。在战国时期的楚威王时，著名谋略家苏秦感慨地说："楚，天下之强国也。……地方五千里，带甲百万，车千乘，骑万匹。粟支十年，此霸王之资也。"司马迁在《史记》中称楚国"饭稻羹鱼"；班固在《汉书·地理志》中说楚人"食物常足"。最能反映楚国强盛时期饮食文化特征的当属屈原《楚辞·招魂》中的一份古代"食谱"。

室家遂宗，食多方些。

稻粢穱麦，挐黄粱些。

大苦咸酸，辛甘行些。

肥牛之腱，臑若芳些。

和酸若苦，陈吴羹些。

胹鳖炮羔，有柘浆些。

鹄酸臇凫，煎鸿鸧些。

露鸡臛蠵，厉而不爽些。

粔籹蜜饵，有餦餭些。

瑶浆蜜勺，实羽觞些。

挫糟冻饮，酎清凉些。

华酌既陈，有琼浆些。

归来反故室，敬而无妨些。

——《楚辞·招魂》

楚人饮食

尽管这是一篇文学作品，但它体现出的饮食文化中追求色、香、味、形、礼仪等完美融合的意识，应该源于作者的现实生活。关于《楚辞·招魂》的作者，争论由来已久。东汉时期，王逸在《楚辞章句》中称作者是宋玉，因哀怜屈原"魂魄放佚"，所以为其招魂；西汉时，司马迁作《史记》，其中《屈原贾生列传》将《楚辞·招魂》作者定为屈原；后世多沿用王逸注；明代黄文焕开始反对王逸的说法。近代梁启超、游国恩都认为《楚辞·招魂》是屈原的作品。之后，研究者大多主张《楚辞·招魂》的作者是屈原，不过又细分成屈原为楚怀王招魂和屈原自招两种说法。本书赞成屈原为楚怀王招魂一说。第一，作品中描述的奢华，唯有楚王方可拥有和享受。第二，联系上下文推断，"有人在下，我欲辅之"，辅助的应是楚王。第三，作者回忆与楚王狩猎的场景，并深情呼唤"魂兮归来，哀江南"，当是屈原招楚怀王之魂。

这份目前中国古代最早的食单，说明战国时期楚国的饮食结构与中原大致相同，分为饭、膳、馐、饮四类，是楚国文化和中原文化交流与融合的见证，也展现了楚国饮食文化鲜明的特点。

饮食结构丰富多元

"饭"为主食，《楚辞·招魂》中提及大米、小米，还有新麦以及香美的黄粱。春秋战国时期，通常将制作饭食的谷物称为五谷，较之更早的"百谷"等，都是虚指，说明主食种类之多。孟子所言"五谷者，种之美者也"，反映春秋战国时期，人们选择谷类等农作物品种并使之优化，这是栽培历史上的进步。

"膳"是用肉、鱼等制成的菜肴、汤羹类食品。《楚辞·招魂》的食单里有牛、羊、鸡、鸭等，还有多种鱼，说明楚人的肉食来源既有家养动物如牛、羊、鸡、鸭等，也有渔猎获得的甲鱼、鲫鱼等。

"馐"又称"百馐"，是用粮食等做成的点心的总称。食单里"粔籹蜜饵，有餦餭些"即为"馐"的一部分。其中，"粔籹"也就是膏环。《齐民要术》说，膏环是将米粉和糖做成环状，煎炸而成，类似如今的和糖炸糕；"蜜饵"是施蜜的饼饵，"饵"是豆粉和米粉合蒸的糕饼；"餦餭"是饴糖块。可见 2000 多年前，楚人已掌握了成熟的糕点制作工艺。

　　"饮"是各类酒及浆汁类饮品的总称，包括清澄的甜酒，带糟的醪酒，酸梅汤，以及冰冻冷饮等。楚国地处南方，夏季炎热，需用冰冻的饮品防暑降温。《楚辞·招魂》提到的"挫糟冻饮"，应该是楚人制作的夏季饮品。当时获得"冻饮"的方法大致分为两类：一种是利用储藏在地窖里的自然冰块来冰冻饮品；另一种则是将饮品放入深井中，用冰凉的井水来让饮品变凉。楚人多有喝酒的习惯，会用茅草来过滤米酒中的醪糟。

　　楚人饮食结构丰富多元在考古资料中得到映证。湖北江陵、包山等地楚墓出土有牛、羊、猪、鸡、鲫鱼等动物遗骸，以及板栗、红枣、柿子、梅子、梨、菱角、莲子、荸荠、生姜和花椒等植物；楚墓出土的竹简也有相关物品的记载。

烹制工艺考究精良

　　《楚辞·招魂》再现了楚国宫廷宴会艺术，主食、肉类菜肴、精制的点心以及酒水饮料等可谓一应俱全，追求色、香、味、形、器、布局、礼仪等的完美融合，让我们了解到楚人美食烹制工艺的考究精良、丰富多元。

　　首先，体现在对食材的选择上，食材选择有统一的标准，以肉食为例，无论是家养的禽畜，还是捕获的渔猎，都以肥壮为佳，如"肥牛之腱"。为了获得肥壮的上品肉食，会专备草料喂养"刍豢"。

其次，烹制前的刀工、烹制中的火候及方法等也追求多样、富于变化，有清蒸、烧烤、爆炖、烹烩、煎炸等十余种方式。《楚辞·招魂》中，从"肥牛之腱"到"厉而不爽些"说的都是"膳"，不仅描绘了多种菜肴之鲜美，还隐含了更多的关于烹制工艺的内容，如"胹鳖炮羔"中的"炮"。据《礼记》记载，"炮"是将动物如鸡宰杀后去掉内脏，带毛涂上黄泥，然后放在火中爆烤，等黄泥干了鸡也就熟了，随后剥去泥壳，鸡毛也随泥壳脱去，将剥去了泥壳的鸡肉进一步加工，类似现今的风味名菜"叫化鸡"的制作方法。

注重顺应季节调味

楚人的口味多样，具有包容性，食单上的"大苦咸酸，辛甘行些"，是指在饮食调制中五味用得恰到好处。其中除了对饭的描述外，对膳、馐、饮的描述都涉及五味调和的相关内容。五味即咸、酸、苦、辣、甜这五种味道，是用盐、梅子、醋、酒、花椒、饴、蜜等实现的。湖北江陵等地楚墓出土的调味食材极其丰富，有生姜、花椒、樱桃、梅子、橙皮等。

《楚辞·招魂》将苦列为五味之首，是因为在古代人们对饮食调味会遵照一个原则，即《礼记·内则》指出的"春多酸、夏多苦、秋多辛、冬多咸，调以滑甘"。意思是说，春天应该多吃酸食，夏天多吃苦食，秋天多吃辛辣食品，而冬季则应该多吃咸食；同时，人们还发现，四季之中需要用甜食来调配。这是古人对饮食规律的认知。《楚辞·招魂》中描写最多的是夏季的，所以用了"大苦"，并且将它置于诸味之首，可见 2000 多年前，楚人总结出了如何在顺应季节变化的基础上通过饮食调味来养生的经验。

三、楚国饮食结构形成因素

楚人饮食文化独树一帜，无论是文献记载，还是出土文物资料，无不显示出其食品结构丰富且多元、食材选料精细、烹制工艺精良、调味技术考究等特点，这些与楚人日趋优越的生态环境、重视水利设施兴建以及先进的生产工具等密不可分。

优越的生态环境

西周时期，立国之初的楚国，物资匮乏，农业不发达。在开疆拓土的过程中，楚国先后灭掉或兼并六十多个国家，疆域逐渐宽广，版图囊括了半个中国，北至河南南部，南至广东北部，西至川东，东至江浙。尤其是楚国中心区域——汉水流域及长江中游地区，自然环境优越，气候适宜，雨水充沛，森林、湖泊密集，适合农业发展，动植物等食物来源多元化。《汉书·地理志》记载楚人"食物常足"，东汉时期王逸说："楚，五谷六仞也。"可见拥有肥沃的土地、丰盛的物产是楚人创造出别具一格的饮食文化得天独厚的条件。楚人的主食除稻米外，还有粟、稷、黍、麦、菽、麻、菰等。肉食来源既有家养动物包括牛、羊、马、猪、鸡、鸭、鹅等，也有渔猎所得动物如兔、鱼等。在获取大量食材的基础上，楚人博采众长、兼收并蓄，融合周边各地饮食特点，运用多种精良的烹饪工艺，形成了颇具特色的楚人饮食文化。

寿县安丰塘

楚人饮食

孙叔敖

兴修农田水利设施

经过春秋时期的发展，到了战国时期，楚国农业生产达到了较高的水平，粮食储备量大，除稻米、粟以外，还有板栗、樱桃、梅子、红枣、柿子、梨、柑橘、甜瓜子、生姜、小茴香、菱角、莲子、藕、荸荠等极其丰富的农产品，故而苏秦说"粟支十年，此霸王之资也"。

楚国农业的迅速发展，得益于楚人对农田水利工程的重视，因为水利是农业，尤其是稻作农业的命脉。芍陂是楚人主持兴建的一个大型水利工程。芍为地名，位于安徽寿县城南；陂，是一种以蓄水为主要功能的水利设施的通称。芍陂又称安丰塘，与我国古代著名的漳河渠、都江堰、郑国渠并称中国古代四大水利工程。作为我国最早的人工水库之一，芍陂施工技术讲究，选址合理，三面依山而建，蓄水灌溉关系考虑周全，被誉为"天下第一塘"，它的建造为后世大型陂塘水利工程的建造提供了宝贵经验。千百年来，安丰塘在灌溉、航运、屯田济军等方面发挥了重大作用。芍陂原周长有 60 千米，相传是春秋时期楚国令尹孙叔敖所建，北堤外建有孙公祠，现存殿宇、碑库各 3 间，石刻 19 块，碑文记述了芍陂地理位置、水源、灌区分布、用水规划及历代整修情况。

先进的生产工具

　　楚人不畏千难万险，发愤图强，占据了长江中下游的铜矿资源带，包括现今的湖北大冶市铜绿山古铜矿遗址、湖北阳新丰山铜矿及附近的港下铜矿等遗址、江西瑞昌市铜岭铜矿遗址、安徽沿江两岸以铜陵为代表的矿冶遗址、湖南麻阳矿冶遗址等 100 余处。一方面，楚国工匠将商代和西周以来的青铜铸造技术发扬光大；另一方面，他们博采众长，凭借精湛的青铜铸造工艺，不仅生产出精美绝伦的青铜礼乐器，也制造出当时先进的生产工具。

铜斧

铜锯

铜镰

铜锸

　　春秋时期，楚国已经在农业生产中使用青铜工具，主要有锄、锛、斧、锸、镰等。锄是用于中耕、锄草、疏松农作物周围土壤的用具；锛和斧都是用作伐木、开垦土地的工具，锛的形状和斧比较接近，但斧大多为双面刃，而锛只有偏刃；锸用于开挖沟渠以及做垄，形制和使用方法与我们现在农业生产中的锹相似；镰则用于收割谷物和割草。

　　战国中晚期，铁制农具锛、斧、锸、镰等已经在楚国农业生产中占据主导地位。铁制农具的使用，为土地开垦与农业精耕细作创造了条件，是促进楚国农业生产迅速发展的重要因素之一。

四、楚文物中的"饭"

楚人的"饭"是以谷物为主的每日的主食，同时楚人还食用粟、稷、黍、麦、菽（豆）、麻、菰等。

稻是楚国人最主要的粮食品种。楚国中心区域拥有得天独厚的自然生态环境和优良的水稻种植传统，汉水流域及长江中游地区，如地处长江支流清江流域的湖北长阳桅杆坪遗址、江西仙人洞遗址、湖南玉蟾岩遗址，早在距今 1 万年至 1.5 万年，当地的先民就已经吃上了自己种的稻米，见证了中国稻作文明的起源。湖北荆门京山屈家岭遗址、荆州市纪南镇毛家山、湖南澧县梦溪镇城头山古文化遗址等出土的距今 4600 年到 8000 年的大量稻谷壳、稻谷表明，楚国腹心地域一直承袭着种植水稻的传统。加上重视兴建农业水利工程、运用当时先进的生产工具、开拓创新的烹制手段等，楚人拥有"稻粢穱麦，挈黄粱些"的多元化主食。江陵凤凰山等地楚墓出土了一批珍贵简牍，部分内容涉及食物，如稻米、白稻等谷物的名称。

主食用具

已发现的楚人主食用具包括青铜器、漆器、陶器等，既有炊煮用的鬲、甑等，也有盛放饭食的簋、簠、敦等。

青铜主食用具

青铜主食用具是贵族在祭祀、宴飨等礼仪场合使用的礼器，是统治阶级等级制度和权力的象征。楚人使用的与主食相关的青铜器纹饰繁缛，制作精美华丽，显得清新活泼、情趣盎然，与中原礼器庄重、严肃的特点相比，体现出楚文化不拘一格的创新精神。

铜鬲

铜匕

铜鬲

　　鬲是煮"饭"用的炊器，分为陶制鬲和青铜鬲。陶鬲在原始社会就已盛行，它的三足为空心，以此增加受热面积，便于炊煮加热。青铜鬲是仿照陶鬲铸造的，青铜鬲流行于商代至春秋时期，战国中期以后便很少被制作和使用了。2002 年湖北枣阳九连墩 1 号墓出土的铜鬲，高 22 厘米，口径 27 厘米，配套用的铜匕通长 33 厘米，口宽 6.5 厘米。

铜甗

　　铜甗是在铜鬲之上加扣一件铜甑，铜甑的底部有可供蒸汽通过的箅眼。铜甗中的鬲用于盛水，甑用于盛食物，整个铜甗相当于现在的蒸锅。九连墩 1 号墓出土的铜甗，高 53.4 厘米，口径 35 厘米，甑的底部有 18 个箅眼。

铜甗

24

蟠螭纹兽耳铜簋

蟠螭纹兽耳铜簋

　　簋是用来盛装黍、稷的容器。蟠螭纹兽耳铜簋，1978 年出土于河南淅川下寺 1 号墓，年代为春秋晚期。鼓腹两侧装饰有兽首半环耳，兽首生双角，长吻，张口吐舌，弓身为耳，捉手内装饰细密的蟠虺纹。器盖四周附有 4 条透雕龙形扉棱，盖沿一周饰蟠螭纹。腹部四周也有 4 条透雕龙形扉棱，与器盖上的四扉棱相对，这些"龙"都呈弓身张口卷尾状。圈足上有一周蟠螭纹，并饰有 4 个浮雕兽首。通体保留了西周晚期以来铜簋造型的基本风格，但又有所不同，反映了楚文化对中原传统文化的吸收融合、传承与创新。

子季嬴青簠

子季嬴青簠

　　簠是盛粱、稻的容器，器盖和器身形制相同。
子季嬴青簠，1972 年出土于湖北襄阳山湾，年代为
春秋晚期。器盖和器身内底各有铭文 4 行 24 字，
由铭文为之取名"子季嬴青簠"，是一个楚国贵族
墓葬出土的盛放主食的器皿。

楚屈子赤目簠

楚屈子赤目簠

楚屈子赤目簠，1975 年出土于湖北随州鲢鱼嘴，年代大约为春秋晚期。盖内有铭文 6 行 31 字，记录了这件青铜器是楚国一位氏"屈"名"赤目"的贵族为他的第二个女儿"芈璜"出嫁而特意铸造的一件媵器，即陪嫁品。春秋中期楚国贵族中势力最大的有屈、景、昭三大家族。本件簠是存世仅见的屈氏礼器。

嵌地几何云纹铜敦

　　敦是盛饭的容器，也是楚器中极具个性的器物。它的特征是器盖与器身同形，扣合后呈圆球形或椭圆球形，因外形酷似西瓜，故而俗称"西瓜敦"。1974年于湖北秭归斑鸠窝出土的嵌地几何图案花纹铜敦，器钮和器足弯曲成"S"形，器身铸有几何图案花纹，如行云流水般灵动。圆球形青铜敦精美绝伦的铸造，别具一格的外型特征，体现了楚国青铜文化的风格和发展水平。

楚人饮食

嵌地几何云纹铜敦

28

漆木主食用具

　　春秋战国时期，随着社会的变革，青铜器日渐失去其昔日唯我独尊的地位。漆器因胎体材料容易获得并且轻巧、可塑性较强，髹漆饰纹后，不仅结实耐用、耐腐蚀，而且造型美观，华丽富贵，故而逐渐被世人青睐，常被用作祭祀礼器，而且多以仿青铜礼器的风格出现。

　　已发现的楚国漆器主食用具，不仅体现了诡异多姿的造型艺术，而且展示了流光溢彩的髹漆工艺，更加突显了浪漫旖旎的绘画艺术等，见证了楚人博采众长、开拓创新的精神和楚文化奇诡浪漫的艺术风韵。

漆木鬲

　　漆木鬲于 2002 年出土于九连墩 2 号墓，共有 20 件，年代属于战国中晚期。按口沿的大小可分为小口鬲和大口鬲两种。

　　小口鬲 2 件，大小、形制基本相同，口径 7.9 厘米，腹径 11 厘米，腹部深度为 5.9 厘米，通高 12.8 厘米。整体较为瘦高，口沿内收，矮足，肩部和上腹部彩绘卷云纹。

漆木小口鬲

漆木大口鬲

　　大口鬲　18 件，形制相同，大小略有差别。图示的漆木大口鬲口径 15.6 厘米，腹径 16.5 厘米，腹部深度为 4.6 厘米，通高 13.5 厘米。各配有一把短柄的小勺，勺长 21.4 厘米。大口鬲的足稍高，上腹部至口沿装饰三个扉棱，口沿至中腹部彩绘勾连卷云纹、弦纹。

变形窃曲纹漆簋

　　变形窃曲纹漆簋，1988 年出土于湖北当阳赵巷 4 号楚墓，墓主可能是当时的卿大夫，级别较高，年代属于春秋中期。墓中同时还出土了一批目前所见较早的楚国漆器。

　　变形窃曲纹漆簋，通高 21 厘米，木胎，器盖宛如一只倒扣的饭钵，壁为弧形，器盖为平顶，顶上有一圆形捉手。敛口，鼓腹，肩部两侧装饰有两个对称的牛头形状的耳。圆底下接喇叭状大圈足。黑漆为地，用红、黄两色漆彩绘，盖顶与圈足绘窃曲纹和水波条纹，器身绘三角云纹、勾连云纹、波纹等，花纹繁缛、造型别致、工艺精湛。

变形窃曲纹漆簋

漆木簋

漆木簋

　　2002 年，湖北枣阳九连墩 2 号墓出土漆木簋 8 件，形制、大小基本相同，口径 23.3 厘米，腹径 24 厘米，圈足径 18.8 厘米，底座边长 23.1 厘米，座高 11.8 厘米，通高 27.4 厘米。口微微内收，上腹部略鼓，喇叭状圈足，方形底座的四面下部中间开有凹形口。上腹部与底座用红、黄两色漆彩绘"S"形勾连云纹与回纹，内壁髹红色漆。

漆木簠

2002 年，湖北枣阳九连墩 2 号墓出土漆木簠 4 件，大小、形制基本相同，口长 30.4 厘米，宽 23.1 厘米，通高 24.5 厘米，是仿青铜簠制作的盛食器皿。簠身、簠盖同形，可倒置。红、黄两色漆彩绘 "T" 形纹和三角云纹。

漆木簠

漆木敦

2002 年，湖北枣阳九连墩 2 号墓出土的漆木敦共 2 件，大小、形制基本一致，纹饰略有不同。口径 20.6 厘米，腹深 8.9 厘米，通高 31.4 厘米，属于食器，仿青铜敦制作而成。器盖与器身各饰 3 个立鸟状的足，各有 1 对对称的环形耳，可倒置。红、黄两色漆彩绘勾连云纹和绹索纹。

漆木敦

五、楚文物中的“膳”

因楚国的核心地区位于汉水流域及长江中游地区，特殊的地理环境和民俗民风，形成了楚国独特的文化内涵和饮食习俗。楚人的肉食品种非常丰富，主要来自家庭养殖和狩猎所获。饲养的家畜禽有牛、羊、马、猪、犬、鸡等；此外，楚地山林众多，狩猎得来的动物也是楚人的肉食来源之一。1986 年发掘的湖北荆门包山 2 号楚墓，墓主为"左尹邵陀"，属于"大夫"级的楚国贵族，主要掌管楚国当时的司法工作。经鉴定，该墓出土的动物遗骸有鲫鱼、家鸡、家猪等；同墓出土的竹简记载了"牛镬鼎"，表明当时楚人食用牛肉。2000 年，在湖北荆州天星观 2 号墓发掘出土了动物骨骼，通过鉴定可以确认的动物骨骼有水牛、黄牛、猪、鸡。

楚人酷爱食鱼。楚国境内江湖密布，水乡处处，鱼类水产品丰富，据文献记载，常见鱼类有鲤、鲫、鲂、鳖、鳖、鳍、鲋、鳜等。湖北荆州天星观 2 号墓出土的铜鼎内有鱼骨，经鉴定，发现有乌鳢、鲤鱼、鲫鱼和红鲌四个种类。2014 年，湖北荆州夏家台的棺盖和头箱发现了 13 条保存相对完好的干鳊鱼。

战国楚墓出土的干鳊鱼，大部分鱼肉尚未腐化。湖北自古被誉为"千湖之省""鱼米之乡"，盛产各种水产品，且许多品种是湖北所独有的。毛泽东的著名诗词"才饮长沙水，又食武昌鱼"让"武昌鱼"声名鹊起，而"武昌鱼"就是鳊鱼的一种。早在我国最早的诗歌总集《诗经》中，就有关于鳊鱼的记载——"其钓维何？维鲂及鱮"。其中，"鲂"就是鳊鱼的古称。它小头缩项，阔腹细鳞，肉质腴嫩，是古人喜欢的美味。鲂是《诗经》中出现次数最多的鱼类，在 7 首诗中共出现 9 次。如《陈风·衡门》中，"岂其食鱼，必河之鲂？"《豳风·九罭》中说："九罭之鱼，鳟鲂。我觏之子，衮衣绣裳。"其中"鳟鲂"指的也是鳊鱼。后来，有的诗人用"鲂"的味美名贵隐喻"公"的地位高贵。周代有贵族以"鲂"为氏，还有将其美好的寓意运用到名字中的，如春秋时期晋国将军栾鲂、楚国司马公子鲂等。

干鳊鱼

鳊鱼风干后，口感极佳。现在湖北许多地区还延续着过年腌制腊鱼的民俗。制作过程：首先，将新鲜的鳊鱼处理好、擦干水分；然后，顺着鱼脊骨片下两大片相连的鱼肉；最后，用盐腌制，还需撒满由花椒、八角等炒熟后磨成的腌粉。

　　楚人拥有精湛的烹饪技术，他们依据丰富的食材，创新出多种烹饪方式，如蒸、煮、煎、炙、脤、炮、脍等。当今湖北的名菜仍保留这些技艺，如著名的"沔阳三蒸"，采用蒸的烹饪方式，既有荤素搭配，也有全素料理，按个人喜好选择。无论哪一种搭配，都最大限度地保留了食物的原汁原味，利于健康。

　　在烹饪的过程中，楚人还喜欢加入各种调味品，如盐、蜜、饴、姜、椒、醋、胆等，让舌尖上的美味"酸、甜、苦、辣、咸"五味俱全。湖北省江陵望山楚墓出土有果实、果核、果皮及种子十余种；包山楚墓中出土有梨核、枣核、梅核；信阳楚墓出土过芥菜籽、冬葵籽、生姜、芋、笋、花椒等，都是楚人料理美食的上等食材和佐料。

生姜

花椒

果核

此外，湖北荆门包山 2 号楚墓的竹简不仅记录了随葬食物的名称、数量，还对食物的烹制方式等有较详细的描述。如将"猪"分为"蒸豕"和"炙豕"，"鸡"则包含"熬鸡"和"炙鸡"两类，显而易见，楚人已能对同一种食材采用不同的烹制方式。与"熬鸡"烹制方式相同的还有"熬鱼"。当时的"熬""炙"，与如今烹饪中的熬煮、烧烤方法大致相同。对于鱼的食用方式也是多样的，有风干、火烤和煎等。丰富的考古资料印证了《楚辞·招魂》中"肥牛之腱，臑若芳些。和酸若苦，陈吴羹些。胹鳖炮羔，有柘浆些。鹄酸臇凫，煎鸿鸧些。露鸡臛蠵，厉而不爽些"的记载，楚人的膳食独树一帜，的确丰富多元而且精致考究。

膳食用具

考古出土的楚人膳食用具包括青铜器、漆器等，既有烹煮牲肉的镬鼎，也有盛放牲肉的升鼎以及俎，还有调味用的豆以及煎烤用具炉盘和蒸食用的甑等器物。

青铜膳食用具

鼎是最重要的礼器，用于烹饪和盛食。

相传，夏朝初年，大禹划分天下为九州，设州牧。夏禹命令九州州牧贡献青铜铸造九鼎，将全国各州的名山大川、形胜之地、奇异之物镌刻于九鼎之身，图饰刻镂精美、古朴典雅、气势庄重，以一鼎象征一州，并将九鼎集中于夏王朝都城，象征全国九州的统一和王权的高度集中。自此，鼎开始被推崇至代表国家重器的位置上，成为统治华夏的标志。

牛镬鼎

镬鼎是在祭祀等礼仪活动中用来烹煮牲肉的形体较大的鼎。湖北荆门包山 2 号墓中出土的镬鼎高 75.2 厘米，口径 63.4 厘米，墓内竹简中记载这种鼎为"牛镬鼎""豕鼎"，意思是用于烹煮祭祀用的牛肉和猪肉的鼎。

牛镬鼎

王子午鼎

升鼎用于盛放烹煮好的牲肉。

楚墓出土的铜鼎与其他区域文化的鼎相比，具有富于变化的形态特征，被学术界称为"楚式鼎"。其特征是束腰、平底，立耳外撇，一般鼎身四周有多只神兽攀附其上，形制优雅。"楚式鼎"自铭"升鼎"。独具特色的"楚式鼎"一般出土于高级贵族墓中，是楚国贵族身份的重要标志，流行的时间是春秋中晚期到战国晚期。

王子午鼎

王子午鼎，1978 年出土于河南淅川下寺 2 号楚墓，一共 7 件，造型装饰相同，依大小渐次排列，其中最大的一件通高 76 厘米，口径 66 厘米。侈口，束腰，平底，口沿上有两个向外撇的长方形耳，鼎身等距离装饰了 6 条向上爬行的龙形小兽，腹部纹饰细腻繁缛，以龙纹为主。鼎的腹内及盖内均有铭文。王子午鼎是问鼎中原的楚庄王的儿子（楚共王的兄弟）、曾任楚国令尹之职的王子午（又名子庚）的器物，精美无比。

楚王媵随仲芈加鼎

楚王媵随仲芈加鼎，2013 年征集而得，年代为春秋时期，通高 39.5 厘米，口径 31.5 厘米，耳距 40 厘米。附耳，折沿，束颈，三蹄足，盖顶微弧，正中有平环握手；盖及上腹饰蟠虺纹带，腹中部有凸起绚纹一周，其下饰倒垂三角形回纹。铭文铸在内底，反书，5 行 28 字：唯王正月初吉丁亥，楚王媵（媵）陸（随）仲嬭（芈）加飤（食）緐（繁）。其眉寿无期，子孙永宝用之。说明此鼎是楚王与随国联姻时，为其女儿芈加做的陪嫁品。

这件鼎是为数不多的带有“随”字铭文的青铜器，芈加的墓于 2019 年在随州枣树林被发掘，出土铜器铭文证明芈加是曾侯宝的夫人，而该鼎也成为曾国和随国为一国两名的证据。

楚王媵随仲芈加鼎

楚子（趉）鼎

楚子（趉）鼎

　　1974 年出土于湖北宜昌慈化的楚子（趉）鼎，
年代为春秋时期。附耳，敛口，鼓腹，蹄足。盖中有
圆形捉手。盖顶饰弦纹、重环纹、蟠虺纹。腹部饰重
环纹、蟠虺纹。腹内壁有 2 行铭文：楚子（趉）之䭇
（食）緐（繁）。此鼎可能是文献记载的楚康王熊昭自
用或赏赐他人之器。

铜盖豆

铜盖豆

豆是盛放肉酱、腌菜等调味品的器皿，经常以偶数组合使用。湖北枣阳九连墩 2 号墓铜盖豆，通高 32.8 厘米，口径 18.4 厘米，盖径 20.4 厘米，腹径 20.6 厘米，底径 14 厘米。

铜俎

俎在先秦时期是祭祀时用来向神明供奉肉食的礼器，后来用作切割肉食的砧板。鸿门宴上樊哙说："如今人方为刀俎，我为鱼肉，何辞为？"比喻生杀大权掌握在别人手里，自己处在任人宰割的地位。

楚国贵族墓中铜俎十分少见，在春秋晚期河南淅川下寺 2 号墓、战国中晚期的湖北枣阳九连墩 1 号墓及战国晚期安徽寿县朱家集李三孤堆墓中出土过，前两者是楚国高级贵族墓，后者可能是楚幽王墓。由此可见，铜俎的使用规格很高，只有高级贵族才能拥有。

俎和豆被广泛用于祭祀场合，古人常常将"俎豆"二字连用，把它们视为祭祀礼仪的代名词。大禹陵、孔庙等庙堂宗祠内见到的书题"俎豆千秋"一语，是表示永远享受祭祀崇奉的祝辞。《史记》记载，孔子从小就用心观察并认真学习陈设俎豆、进退行止等礼仪。

五、楚人文物中的「膳」

铜俎

透雕云纹铜案

　　湖北枣阳九连墩 1 号墓出土的透雕云纹铜案，案面以等距的圆涡纹装饰，应为祭祀中放置礼器的底座，是目前在楚墓中发现的唯一一件铜案。

透雕云纹铜案

浅腹铜套盘

湖北荆门包山 2 号楚墓出土的一套食器浅腹铜盘，高 5.8 厘米，口径 19.4 厘米，可以配套盛装不同种类的膳食佳肴。

浅腹铜套盘

错金银云龙纹铜樽

　　湖北荆门包山 2 号楚墓出土的一件造型别致、做工考究、装饰华美的错金银云龙纹铜樽内有鸡的骨头。樽一般为酒器，而这件樽出土时器内有鸡的骨头，应该是盛食用具。由此可见，樽可一器两用。错金银云龙纹铜樽表面通体装饰繁缛的错金银云龙纹图案，盖顶有四个昂首伫立的凤形铜钮，盖外部饰有四组龙纹，每组龙纹中均有三条龙互相嬉戏，盖的周边饰有云纹。整件器物以图案化变形龙纹装饰，既婉转回环，又井然有序，表现了楚国繁缛华丽的错金工艺以及独具特色的装饰艺术。

错金银云龙纹铜樽

漆木膳食用具

战国中晚期以后，髹漆仿铜礼器逐渐增多。漆木膳食用具也逐渐增多，并因制作成本较低、美观耐用而流行于世。

漆木升鼎

湖北枣阳九连墩 2 号墓出土了成套的仿铜漆木器皿。其中，漆木升鼎 5 件，形制、大小基本相同。口径 39.8 厘米，腰径 29.8 厘米，底径 32.8 厘米，通高 36.8 厘米。束腰，立耳外撇，鼎腹部装饰有四条向上爬行的神兽。漆木升鼎是首次发现的仿楚式青铜升鼎风格的漆木器，应该与青铜礼器一样，标志着墓主人的身份等级。

漆木升鼎

漆木龙蛇座豆

　　春秋战国时期，漆豆大量出现，楚墓出土的豆造型富于变化，有的有盖，有的无盖。大多数豆盘呈圆形，也有方形，有的还做成动物形，既具实用功能，可盛放肉酱、腌菜等调味品，又是极具美感的艺术品。

　　出土于湖北枣阳九连墩 1 号楚墓的漆木龙蛇座豆，由盘、座、底三部分构成。盘一周黏结十六片花瓣，宛如盛开的莲花；座由整木雕刻成一龙一蛇的形态，龙体呈蹲坐状，回首衔蛇，造型轻盈别致。整件漆豆通体髹黑漆，用红、黄两色漆绘画出凤鸟、羽毛、鳞片、波浪、卷云、龙纹等精美的花纹，使整件漆豆成为不可多得的艺术佳作。

漆木龙蛇座豆

凤鸟莲花豆

凤鸟莲花豆，2000 年出土于湖北荆州天星观 2
号墓，墓主人是楚国的高级贵族。整件漆豆由莲
花豆盘、凤鸟豆柄和盘蛇豆足三部分组成。其设
计别具匠心，上部的莲花豆盘是器物主体，周身
浮雕十四瓣上仰的莲花，厚重而不失精巧；盘下
的豆柄为一只曲颈昂首、展翅腾飞的凤鸟，凤嘴
巧妙地衔接着盘下的榫头，以此托举起精美的豆
盘；凤鸟脚下的豆足设计成一条盘卧的蛇，蛇身
修长，蜷缩成"十"字形，蛇尾向上翘起，支撑
着凤尾。整件器物不仅造型新颖，而且描绘了华
丽繁复的纹饰，在给人以雍容华贵之感的同时，
又不失典雅大方。

凤鸟莲花豆

浮雕龙凤纹漆豆

　　湖北荆州天星观 2 号墓还出土了一件浮雕龙凤纹漆豆，分为豆盘、豆柄和底座三部分。整件器物通过浮雕的手法展现 3 条龙、4 条蛇、4 只凤的形象，描绘出龙凤对峙、凤爪擒蛇、龙凤争抢蛇尾、蛇埋头逃窜的场景。

浮雕龙凤纹漆豆

楚人饮食

六、楚文物中的"馐"

楚人的"饎"是除了主食之外，用富余的粮食制作成的各类精美的糕点，亦有"百饎"之称。制作方法多种多样，结合各种史书资料，不难看出，"饎"是以谷物等为主体加工制成的美味食品，如不带汤水可以放在笾里的"饎笾之实"，相当于后世的点心。《楚辞·招魂》中写到的"粔籹蜜饵，有餦餭些"，包含了"粔籹""蜜饵""餦餭"三种不同的甜品。

楚人深谙美食之道，除了烹饪方式的不同外，"饎"的调味也十分重要。饴蜜是古代最为常见的甜味，饴指麦芽糖，蜜指天然的蜂蜜。《屈骚指掌》说："以稻麦渍生芽，取沥为之，楚人又名打糖。"打出的麦芽糖叫作饴，饴加上糯米粉熬制，则成饧。战国时期，楚人已普遍运用麦芽糖和蜂蜜来配制各种米面糕点和油炸面食，并开始尝试制作各种饴糖食品。

楚人饮食

58

六、楚文物中的「籩」

楚墓中出土的板栗

甲骨文中的"栗"

馐的食材

　　在湖北江陵望山等多个楚墓中，发现了数量较多、保存完好的板栗。早在甲骨文中就有"栗"字，看上去像一棵树上结满带刺的果实，十分形象。《诗经》中多次提到板栗，"树之榛栗，椅桐梓漆""东门之栗，有践家室"；《左传》也有"赵武、魏绛斩行栗"的记载。可见，我国种植和食用板栗的历史十分悠久。因栗子与"利子"谐音，蕴含着对子孙身体健康、平安顺遂的祝福，故而古人对板栗喜爱有加。板栗性温味甘，有养胃健脾、补肾强筋的作用。同时，板栗口感细腻绵软，粉粉糯糯、香甜可口，非常适合用来制作甜品点心和各种佳肴。

湖北荆门包山 2 号楚墓出土的植物标本，经过鉴定已确认的有红枣、柿子、梨、菱角、荸荠等。"中秋近，菱角熟"，菱角是独属于秋日的珍馐美味。因"菱"与伶俐的"伶"同音，所以长辈会将甘甜清脆的菱角拿给小孩子吃，希望孩子们"聪明伶俐"。"渡头烟火起，处处采菱归"，我国拥有绵长的种菱角、采菱角的历史。

六、楚文物中的「馐」

楚墓中出土的菱角

61

馐的用具

笾

笾是一种外形类似豆的盛食器，盘比较平浅，沿直，而且圈足较矮，用于盛放果脯、点心之类的食品。分为有柄和无柄两种。

漆木有柄笾

2002 年，湖北枣阳九连墩 2 号墓出土有漆木有柄笾，共 2 件。笾盘口部的边长 37.2 厘米，笾盘底部的边长 28 厘米，圈足径 17.4 厘米，通高 31 厘米。用木胎挖制而成，有盖，盖上雕有花瓣状提手；柄较短，中部微束，喇叭形圈足。通体以黑漆为底，再髹红漆，绘卷云纹、四兽、涡纹等图案。

漆木有柄笾

漆木无柄莲

　　漆木无柄莲，出土于湖北枣阳九连墩2号墓，共
2件。莲盘口部边长36厘米，底部边长24厘米，通
高20.2厘米。器物截面为方形，木胎，有盖，盖上
雕刻有花瓣状提手；浅盘，平底，无柄。盖面及器
外壁以黑漆为底，以红漆绘卷云纹、四兽、涡纹等
图案。

漆木无柄莲

盒

龙凤蛇纹漆圆盒

　　湖北枣阳九连墩 1 号墓出土龙凤蛇纹漆圆盒 2 件，圆盒由器盖、器身、器足三部分构成，通体浮雕动物图案，再髹漆彩绘而成。其中一件通高 22.1 厘米，口径 26.2 厘米，圈足径 17.2 厘米，器身浮雕着 4 条龙、4 只凤衔着 8 条蛇的图案，通体彩绘有波浪、鳞片、羽毛、圆圈纹等；另一件通高 16.1 厘米，口径 26.1 厘米，圈足径 14.1 厘米，盒的腹部以红、黄两色漆彩绘变形凤鸟纹，盖面浮雕相互缠绕的 8 条龙和 8 条蛇。两件漆盒做工精细，纹饰繁缛细腻，盖顶都有青铜衔环，属于食器。

龙凤蛇纹漆圆盒

七、楚文物中的“饮”

在楚人的饮食结构中，"饮"非常丰富，大致可分成"酒"和"浆"两大类。

屈原在《楚辞·招魂》中写道："瑶浆蜜勺，实羽觞些。"意思是说，浓郁的美酒甜得像蜜一样，斟满酒杯后可以细细地品尝。楚地丰富的谷物粮食，为酿造美酒提供了优质的原材料。同时，楚人酿酒技艺精湛，"四酎并孰"是楚人独特的酿酒方法，经过四重工序酿制的美酒不仅顺滑不涩，而且口感醇厚。

楚人的酒分为"浊酒"和"清酒"等。"浊酒"是酿造时间不长、未经过滤渣的混合酒，味醇渣多；"清酒"则是一种酿造时间较长、度数较高、酒液清澈的酒。清酒中的上品是使用苞茅过滤过的香酒。楚地盛产苞茅，这是一种生长于海拔 600 米至 1200 米的多年生草本植物，可以过滤酒中的渣滓，曾是楚国向周王室进贡的贡品。

楚人还喜爱饮用不含酒精或酒精含量极低的饮料，浆是其中的一种。浆指的是味略酸的植物发酵饮料，有资料显示浆可能含有微量酒精。《淮南子·人间训》中记载楚国"太宰子朱待饭于令尹子国。令尹子国啜羹而热，投卮浆而沃之"。可见"浆"很可能是冷饮，可以中和热羹，让热羹的温度降下来。

楚人擅长结合南方植物的特色精心制作美味的饮料，如甘甜美味的甘蔗浆等。文献记载楚人喜爱"有柘浆些"，即用甘蔗发酵而成的饮料，也就是甘蔗浆。屈原在《九歌·东皇太一》中写道："蕙肴蒸兮兰籍，奠桂酒兮椒浆"，描写的是人们用桂酒和椒浆祭祀天神的场景，这里的"桂酒"和"椒浆"都是楚人精心调制的特色饮料。

结合文献和出土器物可知，楚人钟爱喝冷"饮"。"挫糟冻饮，酎清凉些"，大概意思是说，喝一点冰镇的酒酿汤，全身都会感到清凉舒爽。当时酿造的酒、浆实际度数比后来的蒸馏酒低，加上楚地夏季炎热，贵族喜欢将酿造好的酒冷却或冰镇后享用，因此有"酎清凉"和"冻饮"两种。"酎清凉"是将酒具放在冷水中冷却的酒；而"冻饮"更为特别，它需要借助冰块冰镇，冰镇过后的酒更加清甜，口感极佳。

饮品器具

楚国的饮品器具种类繁多。出土的文物中，包含金、铜、陶、漆木等材质，可分为盛酒器、舀酒器、饮酒器，主要包括尊、缶、鉴缶、勺、壶、盉、耳杯等。

青铜饮品器具

青铜鉴壶

2002 年，湖北枣阳九连墩 1 号墓出土的青铜鉴壶分壶、鉴两个部分。出土时，壶置于鉴中，使用时应是壶内注酒，鉴内置冰块。整套器物纹饰精美，壶盖的环钮、壶身的蟠龙双耳与圆鉴的兽形铜钮不仅再现了楚人"冻饮"的细节，也将艺术性和实用性完美融合。

当时夏天哪儿来的冰块呢？

从《诗经·豳风·七月》中"二之日凿冰冲冲，三之日纳入凌阴"以及《周礼·天官·凌人》中"祭祀共冰鉴"，我们知道当时的朝廷设立了被称作"凌人"的管冰的官员，他们负责在冬天最寒冷的日子里，组织人员到深山或者湖里采集自然冰块，藏进地窖，夏天用于冷藏食物。

楚人饮食

青铜鉴壶

铜方壶

　　湖北枣阳九连墩 2 号墓出土的方壶为酒器，通高 46.1 厘米，口宽 11.8 厘米，腹宽 13.2 厘米。子母口，鼓腹，方形圈足，肩部有一对兽面铺首衔环。盖呈覆斗形，盖顶有四个两两对称的鸟状钮饰，颈部饰几何云纹。

铜方壶

云纹铜禁

禁，始于周代，是盛放酒器的底座。可能是周人为了吸取商代"嗜酒殇国"的教训，将酒器的底座取名为"禁"，有警示、禁止酗酒的意思。

1978年河南淅川下寺2号墓出土的云纹铜禁，禁体为长方体，通长131厘米，宽67.6厘米，高28.8厘米，重94.2千克。禁身四周由外、中、内三层粗细不等的铜梗组成。外层铜梗最细，呈现相互独立的卷草状；中层铜梗较粗，自下而上向两侧伸出后向上弯；内层铜梗最粗，直立起到支撑的作用。三层铜梗相互套结，形成错综复杂、繁复瑰丽的镂空云纹结构。禁身周围装饰有12只怪兽，它们有头有角，张口吐舌，呈攀爬状，前爪搭禁沿，后爪紧紧抓住禁外壁。禁的13只足有12只设计成虎状，虎头饰高冠，昂首吐舌，挺胸收腰，虎尾扬起，前足伸出，另一足为管状。云纹铜禁造型端庄凝重，装饰华丽繁缛，其镂空纹饰采用失蜡法铸造而成。说明距今2600年的楚人的青铜造型艺术和铸造技术均达到了炉火纯青的境界。

楚人饮食

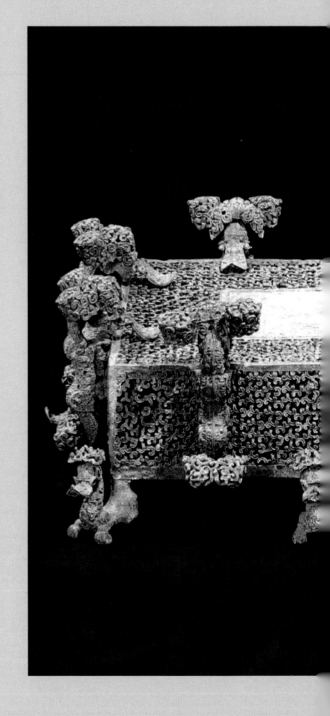

云纹铜禁

龙首形铜盉

龙首形铜盉

　　盉可盛酒和盛水，通常被用作酒器。盛水用以调和酒味的浓淡，同时又兼具温酒的功能。龙首形铜盉，1986 年出土于湖北荆门包山 2 号墓，提梁圆折，盖顶中央有鼻钮套环，圆鼓腹，龙首流前伸上仰，直立三蹄足，较瘦高。此器是战国中期铜盉的重要代表。

铜迅缶

　　缶是较有楚国特色的青铜器，仅见于等级较高的楚墓之中，大夫以下的墓葬中则用仿铜陶缶替代。缶分为两类，器形较高并且有颈的，是盛酒器，楚墓出土的这种缶自铭为"尊缶"；器形较矮没有颈的是盛水器，其自铭为"盥缶"。楚式尊缶和盥缶已有大量的发现，说明楚人对缶的重视。湖北荆门包山 2 号墓的遣策中还有"迅缶"的记载。

　　出土于湖北荆门包山 2 号楚墓的铜迅缶，器盖为弧形，顶部内凹，上有四个环钮。敛口，斜肩，上腹鼓出，底微凹，矮圈足。肩部有对称铺首衔环。腹部有一周凸弦纹。

铜迅缶

鸟首形杯

　　鸟首形杯，年代为战国时期。高 7.5 厘米，口径 14.3 厘米，1986 年于湖北荆门包山 2 号楚墓出土，为酒器。俯视呈桃形，敞口，腹壁直。流为鹰嘴形，嘴内衔珠，椭圆形圈足。

鸟首形杯

鸮嘴铜卣

　　卣是盛酒器，整体作鸱鸮形。文献和铜器铭文中常有"秬鬯一卣"的记载，秬鬯是用黑黍子和郁金草合酿的一种香酒，用于祭祀神灵及赏赐诸侯功臣，而铜卣是专门盛这种酒的酒器。"秬鬯一卣"是很贵重的赏赐。湖北枣阳九连墩 1 号墓出土的鸮嘴铜卣，年代为战国中晚期，通高 34.4 厘米，口径 11.4 厘米，腹径 18.6 厘米，底径 10.4 厘米，巧妙地将仿生造型艺术运用到了实用器上。

鸮嘴铜卣

铜套杯

　　湖北枣阳九连墩 1 号墓出土了一套铜杯，杯身上大下小，通高 12.7~16.55 厘米递减，口径 5.5~6.4 厘米，依次套入，外层有盖。这种套杯、套盘及套盒多见于楚国贵族墓葬，其铸造技术比单件铜器更为复杂。

铜套杯

漆木饮品器具

彩漆方壶

　　壶是用来盛酒的器皿。目前，考古发现最早的楚国漆器是湖北当阳赵巷 4 号墓出土的一批春秋中期的漆器，其中盛酒的彩漆方壶最能体现这一时期漆器的特点。该彩漆方壶木胎较厚，形体较大，通高 46.5 厘米，由两块整木分别雕凿，然后拼接而成，通体髹漆彩绘。

楚人饮食

彩漆方壶

龙耳漆方壶

　　2002 年出土于湖北枣阳九连墩 2 号楚墓的龙耳漆方壶，共有两件，大小、形制基本相同。通高 64.6 厘米，口的边长为 16.8 厘米，腹部边长为 27.8 厘米，圈足边长 19.6 厘米。壶的颈中部至腹部的四面都有扉棱。颈部两侧装饰对称的木雕龙形耳，壶底由四个兽形足承托。整件壶的外壁分段描绘着红色、黄色、银白色的绚索纹、卷云纹、羽毛纹、叶脉纹、燕尾纹和回纹等。设计精美而又端庄大气。

　　龙耳漆方壶为盛酒器。《礼记·礼运》记载，古代举行礼仪活动时，常用双壶双酒，其中一壶装酒，另一壶装玄酒，并列陈放于殿堂上的显要位置。玄酒是从河里或井中取出的新水，盛玄酒的壶放在尊贵的一侧。

龙耳漆方壶

七、楚文物中的『饮』

79

漆木扁壶

　　漆木扁壶，2002 年出土于湖北枣阳九连墩 2 号墓。通高 29.8 厘米，腹部最宽 29.6 厘米，底足最宽 19.8 厘米，口径 8 厘米，是盛酒器。平口加扣铜箍，短颈，壶口有木塞，顶部在铜垫片上加有铜钮衔环；壶身为扁桃形，肩部有一对衔环铜铺首。以黑漆为底，除用红、黄两色漆彩绘卷云纹、绚索纹、涡纹之外，还绘有梅花鹿、凤鸟纹等吉祥的纹饰。战国中晚期，漆器木胎变薄，为加固漆器，出现用金属加固器口、器身、器足以及装饰铜铺首、铜足的扣器。这是已知较早的扣器实物。

漆木扁壶

漆木尊缶

漆木尊缶

　　2002 年，湖北枣阳九连墩 2 号墓出土漆木尊缶
3 件，口径 20.8 厘米，腹径 34.4 厘米，底径 21.2 厘
米，通高 55 厘米。侈口，束颈，溜肩，鼓腹，平
底，上腹部有四个铜环钮，盖上有三环钮。颈部、
中腹部和盖上以红色、黄色或加银白色彩绘勾连卷
云纹、涡纹图案。漆木尊缶用于盛酒。

耳杯

　　楚墓中出土了大量饮酒用的杯子，它们都有两个提手，仿佛人的耳朵一样，所以被称为"耳杯"。楚国耳杯大体分为两种形状：一种是方耳杯，屈原在《楚辞》中称作"羽觞"，杯耳呈方形，好像蝴蝶的翅膀；另一种耳杯的双耳如新月形状，被称作圆耳杯。

方耳杯

圆耳杯

　　古人注重酒具材质，更加注重饮酒的形式与氛围。以"曲水流觞"为例，它是旧时上巳节（农历三月初三）的饮宴风俗，众人围坐在回环弯曲的水渠边，将特制的像耳杯这样容易漂浮在水面上的酒杯置于上游，任其顺流而下，缓缓漂游，酒杯漂到谁的面前，谁就取杯饮酒，如此循环往复，直到尽兴为止。文人将这种习俗发展成名士雅集，酒杯停在谁的面前，此人还得赋诗一首，其乐趣略同今人的"击鼓传花"或"丢手绢"。

　　历史上最著名的一次"曲水流觞"活动，是东晋永和九年即公元 353 年会稽（今浙江绍兴）兰亭集会。这次活动，王羲之和东晋名士孙绰、谢安等四十余人聚于兰亭，行令畅饮，各呈才藻，得诗三十七首，结为《兰亭集》，王羲之挥毫写下了千古名篇《兰亭集序》。

对凤纹耳杯

　　1982年，湖北江陵马山1号墓出土的对凤纹耳杯，外部和口沿内侧髹饰黑漆，内壁髹暗红色漆。器物沿内侧、耳面及外侧绘制了变形凤纹，两端外侧饰变形凤纹和卷云纹。底部还装饰有用银粉描绘的首尾相接的双凤。整件耳杯器形优美流畅，纹饰布局绚丽多彩。用如此精美的酒具饮酒，一定别有一番风味，尤其是"曲水流觞"时，更是诗意盎然。

对凤纹耳杯

彩绘漆木案

彩绘漆木勺

彩绘漆木案和勺

　　案用来承放壶等酒器，而勺则用来舀酒。湖北枣阳九连墩 2 号墓出土的彩绘漆木勺是用来舀酒水的器具。

85

凤鸟双联杯

凤鸟双联杯，出土于湖北荆门包山 2 号墓。整体造型新颖别致，做成凤鸟背负双杯的形象，凤鸟是木胎，凤首高昂，目视前方，口中衔着一颗彩绘漆珠，漆珠以黑漆为底，用红、黄两色漆彩绘 6 个相套的圆环纹饰加以点缀。只见凤腹便便，奋力托负双杯，它展开的双翼护住双杯的前端，双杯后巧妙地连接凤鸟微翘的扁长尾，双杯以两只雏凤为足。除凤尾以红漆为底外，凤鸟的头部、颈部、身部都以黑漆为底，用红色、黄色、金色遍饰羽毛状花纹。凤鸟的翅膀则采用堆漆手法，并用密集的线条、圆点、卷云纹等层层凸显羽翼。凤顶、颈、翼、身共有 8 处镶嵌银饰，宛如 8 颗珍珠，光彩耀眼。

这件凤鸟双联杯是古代婚礼仪式上新婚夫妇行"合卺"之礼的饮酒器皿。如何让两人同时饮酒？奥秘在于接近杯底处，有一根细竹管将两杯连通。古代婚礼仪式上的"合卺"之礼，相当于如今新人喝交杯酒的环节，目的是祝福新婚夫妇相亲相爱、不离不弃、永结同心。

凤鸟双联杯

楚人饮食

漆木匜形杯

　　湖北枣阳九连墩 2 号墓出土的漆木匜形杯，通高 13.1 厘米，带流长 16.2 厘米，口宽 19.2 厘米。属于酒器，由器盖、器身和器足三部分构成。器身雕刻成凤形，凤口衔珠，腹部绘 4 条相互缠绕的龙。

　　盖面浮雕着一鸟三蛇，鸟呈展翅飞翔状，口衔一蛇，另外两条蛇缠绕在鸟的双翼之间，构成"龙飞凤舞"的画面。鸟、蛇身体上还绘有羽毛、鳞片等纹饰，并填以黄地粉彩，华丽异常。

漆木匜形杯

彩漆云龙纹酒具盒

　　楚人还将巧妙的设计构思与酒具结合，制作出方便携带的酒具盒，以便外出郊游欣赏美景的同时，能够品尝美酒佳酿。这件彩漆云龙纹酒具盒让人眼前一亮，设计十分新颖，器型呈圆角长方形，盖、器作子母口扣合。器内还被精心分割成4段6格，可将壶、耳杯等酒具按需收纳其中。

楚人饮食

彩漆云龙纹酒具盒

彩漆猪形盒

　　彩漆猪形盒，1986 年出土于湖北江陵雨台山 10 号墓。长 43 厘米，宽 15 厘米，通高 20 厘米，用木胎挖制而成，内部空心。整件器物为扁圆形，造型活泼，分别由两只身体相连的小猪形成器盖和器身，然后扣合在一起，四只猪脚正好蜷缩于地作为器足。猪口微微张开，猪耳朝后，一副乖巧伶俐、呆萌可爱的模样。湖北荆州天星观 2 号墓也出土了一件类似的猪形盒，内装数件漆耳杯，应为酒具盒。

彩漆猪形盒

八、楚人饮食与礼乐文化

周朝统治的核心是封建宗法制，礼乐作为
它的表现形式，涉及社会生活的方方面面。

楚人饮食

豆

俎

楚人饮食与礼

鼎

"钟鸣鼎食"的贵族在宴飨、祭祀等与饮食文化相关的仪式中，按照身份高低使用钟、鼎等礼器，通过礼器的形制、大小、组合关系体现等级，"天子九鼎八簋、诸侯七鼎六簋、大夫五鼎四簋、士三鼎二簋"等，用以"明尊卑，别上下"。

千百年来，楚人遗物屡有出土，尤其 20 世纪 50 年代以后，湖北、湖南、安徽、河南等地发掘了上万座楚墓，出土的大量文物立体呈现了楚国社会生活的各个方面。其中，与饮食相关的楚国青铜器、漆器、陶器等，全方位彰显了楚人的浪漫与理性。

铸客鼎

1933 年出土于安徽淮南寿县李家集李三孤堆楚幽王墓的铸客鼎，通高 113 厘米，口径 87 厘米，重约 400 千克。楚幽王墓被盗，大量青铜器被文物贩子转手到天津、北京等地，在全国引起轰动。铸客鼎因体积较大、转运困难才幸免于难，它是全国目前楚墓出土的所有鼎中最大的一件。1958 年，毛泽东在参观这件鼎时不禁感叹道："好大一口鼎，能煮一头牛啊！"

铸客鼎

大镬鼎

2002 年，考古工作者对湖北枣阳九连墩 1 号、2 号墓以及分布在两侧的车马坑进行了抢救性的发掘，根据九连墩 1 号墓出土的大镬鼎、七鼎八簋等礼器推测，墓主人是一位封君级别的楚国贵族，2 号墓墓主为九连墩 1 号墓墓主的夫人。

湖北枣阳九连墩 1 号墓墓主为封君，他的墓中出土的大镬鼎，是迄今为止楚墓中经科学发掘出土的最大一件镬鼎。口径 81 厘米，略小于 1933 年盗挖的楚幽王鼎，见证了当时的等级制度。

祭祀礼仪中依据祭祀者和祭祀对象的不同，所用牺牲的规格也有所区别，只有天子可以使用牛、羊、豕（猪）三牲全备的太牢之礼；诸侯与大夫及其以下的人，只能使用羊、豕的少牢之礼；而庶人平时只吃蔬菜，在祭祀时才可食用烤鱼，否则就是僭越。

大镬鼎

楚人饮食

96

八、楚人饮食与礼乐文化

七鼎八簋

楚人饮食与乐

乐器是礼器的一部分，其中青铜编钟和石编磬尤为重要，贵族宴飨、祭祀所用乐器的种类、数量以及悬挂方式都有严格的规定。《周礼·春官·小胥》记载："正乐县之位，王宫县，诸侯轩县，卿大夫判县，士特县。"意思是说，礼仪中钟磬悬挂的位置，王为"宫县"(悬四面，象征宫室，四面有墙)，诸侯为"轩县"(悬三面)，卿大夫为"判县"(悬两面)，士为"特县"(悬一面)。这种乐悬制度直到春秋中期仍被遵循。

楚国是一个充满乐舞旋律的国度，金声玉振、钟鼓齐鸣是其真实的写照。酷爱音乐的楚人，既有众人相和的《下里》《巴人》，也有曲高和寡的《阳春》《白雪》。出土的楚国青铜乐器主要有钟、铙、钲等，配以磬、鼓、琴、瑟、笙、箫等，与《周礼·春官·大师》所称的"八音"即金、石、土、革、丝、木、匏、竹八类乐器基本符合。此外，其他诸侯国也出土了楚国乐器，例如陕西扶风出土了楚公钟，山西曲沃北赵村晋侯墓地出土的楚公豪钟，以及湖北随州曾侯乙墓出土的楚王盦章镈钟。这些乐器恰好与《楚辞》中记载的"扬枹兮拊鼓""陈竽瑟兮浩倡""陈钟按鼓，造新歌些"的情景互为印证。

楚
人
饮
食

彩绘凤纹石编磬

彩绘凤纹石编磬

　　楚都纪南城外发现了一套彩绘凤纹石编磬，共
25 件，制作精良，大部分保存完好。尤为引人注
目的是，磬块上浅浮雕凤鸟的造型，再用红、黄、
蓝、绿等颜色描绘，反映出楚人独特的审美情趣。
根据它的规模大小和磬块的形制以及浮雕的花纹推
测，使用者身份极为尊贵。它出土于楚都纪南城南
边的一个台地上，应该是楚王举行郊祭大礼祭祀上
天后留下的。

楚人饮食

编钟

　　湖北枣阳九连墩 1 号墓出土的编钟，有甬钟、钮钟两种，分两层三组，共34件，彰显了使用者的封君身份。

100

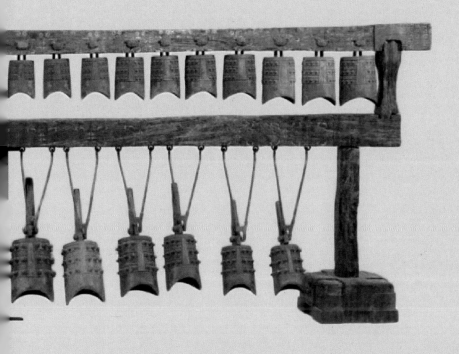

编钟

锦瑟漆画

　　1957 年，河南信阳长台关楚墓出土了保存较好的彩绘锦瑟——漆瑟，因表面绘有精美的漆画，故名"锦瑟"。其首尾两部分和首尾的立墙上都有漆画，以黑漆为底，用黄、红、银灰等色彩绘出龙、蛇等动物与人物图案，可谓诡谲绚丽，呈现出现实生活中的燕乐、狩猎场景。

楚人饮食

锦瑟漆画

虎座鸟架鼓

　　虎座鸟架鼓一般出土于高等级贵族墓中，属于悬鼓的一种，目前只在战国时期楚墓中发现。2002 年，出土于湖北枣阳九连墩楚墓 2 号墓的虎座鸟架鼓，年代为战国中晚期，通高约 136 厘米，宽 134 厘米。与其他楚墓中出土的虎座鸟架鼓相比，它的特别之处令人叹为观止：在长腿昂首、引吭高歌的凤鸟背上多出 2 只呆萌可爱的小老虎，它们奋力托举悬鼓，灵动活泼；两只背向踞坐的卧虎四肢屈伏于六蛇缠绕的长方形底座上，显得别具匠心。整件鼓通体髹黑漆，饰有红、黄、银白多色彩绘，多处细节彰显了楚文化的浪漫瑰奇，是一件兼具音乐性与观赏性的艺术品。

　　楚人饮食中的礼乐制度与中原一脉相承且有创新，体现在食具、食材、乐器等方面。"仓廪实而知礼节"，饮食礼乐建立在稳定的社会环境和丰富的物质条件下，是统治阶级维护自身利益的一种政治手段。

　　楚人饮食礼乐中的糟粕已被时代涤荡，传承下来的礼乐文化是中华传统文化的重要组成部分，在发扬尊老爱幼、恭谦礼让等优良传统，促进人与人、人与社会和谐共生等方面具有重要意义。

八、楚人饮食与礼乐文化

虎座鸟架鼓

参考文献

[1] 皮道坚．楚艺术史 [M]．武汉：湖北教育出版社，1985.

[2] 湖北省荆沙铁路考古队．包山楚墓 [M]．北京：文物出版社，1991.

[3] 张正明．楚史 [M]．武汉：湖北教育出版社，1995.

[4] 高至喜．楚文物图典 [M]．武汉：湖北教育出版社，2000.

[5] 陈振裕．楚文化与漆器研究 [M]．北京：科学出版社，2003.

[6] 刘国胜．湖北枣阳九连墩楚墓获重大发现 [J]．江汉考古，2003(2)：29 – 30.

[7] 姚伟钧．长江流域的饮食文化 [M]．武汉：湖北教育出版社，2004.

[8] 湖北省博物馆．感知楚人的世界：楚文化展导览 [M]．武汉：湖北美术出版社，2006.

[9] 湖北省博物馆．九连墩：长江中游的楚国贵族大墓 [M]．北京：文物出版社，2007.

[10] 金普军，毛振伟，秦颖，等．江苏盱眙出土夹纻胎漆器的测试分析 [J]．分析测试学报，2008，27(4)：372–376.

[11] 金普军，胡雅丽，谷旭亮，等．九连墩出土漆器漆灰层制作工艺研究 [J]．江汉考古，2012(4)：108–111.

[12] 钱红．浅析九连墩 1 号墓漆奁工艺 [J]．江汉考古，2014（4）：126–128.

[13] 周剑石．从跨湖桥出发：中国漆艺 8000 年（上）[J]．中国生漆，2015(3)：4–12.

[14] 周剑石．从跨湖桥出发：中国漆艺 8000 年(下）[J]．中国生漆，2015(4)：7–17.

[15] 方勤，孟华平，罗运兵．三苗与南土：湖北省文物考古研究所"十二五"期间重要考古收获 [M]．武汉：江汉考古编辑部，2016.

[16] 钱红．楚国青铜器 [M]．武汉：湖北人民出版社，2017.

[17] 王先福，王红星，胡雅丽，等．湖北枣阳九连墩 M2 发掘简报 [J]．江汉考古，2018（6）：3–55, 2.

[18] 王先福，王红星，胡雅丽，等．湖北枣阳九连墩 M1 发掘简报 [J]．江汉考古，2019（3）：20–70，145.

[19] 钱红．楚国漆器 [M]．武汉：湖北美术出版社，2019.

[20] 方勤，万全文．绽放荆楚，传承文明：湖北省博物馆 [M]．武汉：湖北科学技术出版社，2021.

[21] 湖北省博物馆．楚国八百年 [M]．北京：文物出版社，2022.

后　记

　　2021 年 11 月，湖北省博物馆推出全新"楚国八百年"展，该展立即跻身各大平台热搜展览前列。此次展览中，许多接地气的文物一下子拉近了文物与公众的距离，深受人们喜爱。特别是一条来自 2000 多年前的干鳊鱼，吸引了无数美食爱好者驻足观看。人们细细观察，发现鳊鱼的鱼鳞排列整齐，肉质紧实似有弹性。"为何保存如此完好？"大家边看边讨论着……同一展柜里，人们还发现了楚人的花椒、生姜、水稻、果核等，"楚人日常吃什么？""他们的饮食有哪些特点？"……一时间这些问题成为观众热议的话题，也让笔者萌生了编写《楚人饮食》的想法。

　　楚文化是长江文化的重要组成部分，是历久弥新的研究课题，是魅力永恒的文化高地。湖北位于长江中游，是楚文化的发祥地，也是楚文化的核心区域。湖北省博物馆因收藏大量精美绝伦、别具一格的楚国文物而被誉为楚文化的渊薮殿堂，吸引众多海内外观众纷至沓来。笔者从参加工作至今，一直在社教岗位，越来越体会到社教工作是博物馆工作的重要组成部分，应架起博物馆与社会公众沟通的桥梁，承担向公众传播优秀文化的职责。随着楚文化考古的不断深入，与楚人饮食相关的文物不断面世，这些文物以数量之多、种类之繁、工艺之精、造型之美且保存完好而备受世人瞩目。在此背景之下，基于湖北、河南、安徽等省出土的与楚人饮食相关的文物，笔者梳理了文物背后的历史、政治、经济和文化，便形成了全方位展示独树一帜的楚人饮食文化的《楚人饮食》。

　　湖北省博物馆的张婧、刘晓琪、温静、谌夏、万苏萍、许筠参与了本书初稿的部分编写工作。本书在编写过程中得到了湖北省博物馆领导的高度重视。党委书记、馆长张晓云，党委委员、副馆长王先福、何广，多次提出宝贵意见。专家蔡路武、杨理胜、曾攀、要二峰等，给予了本书极大的支持与帮助。书中一些文物资料来源于河南博物院、安徽博物院等官网。在《楚人饮食》付梓之时，谨致以诚挚的谢意！

　　因水平有限，书中难免有疏误，望读者见谅！

钱红
2023 年 3 月于武昌东湖之滨湖北省博物馆